现代新尚

别墅设计 典藏
Villa Design
理想·宅 编

化学工业出版社

·北京·

编写人员名单：（排名不分先后）

叶　萍	黄　肖	邓毅丰	张　娟	邓丽娜	杨　柳	张　蕾	刘团团	卫白鸽	郭　宇
王广洋	王力宇	梁　越	李小丽	王　军	李子奇	于兆山	蔡志宏	刘彦萍	张志贵
刘　杰	李四磊	孙银青	肖冠军	安　平	马禾午	谢永亮	李　广	李　峰	余素云
周　彦	赵莉娟	潘振伟	王效孟	赵芳节	王　庶				

图书在版编目（CIP）数据

现代新尚别墅设计典藏 / 理想·宅编．—北京：
化学工业出版社，2016.3
ISBN 978-7-122-26332-2

Ⅰ．①现… Ⅱ．①理… Ⅲ．①别墅－建筑设计－作品
集－中国－现代 Ⅳ．① TU241.1

中国版本图书馆 CIP 数据核字（2016）第 032809 号

责任编辑：王　斌　邹　宁　　　　　　　装帧设计：骁毅文化

出版发行：化学工业出版社(北京市东城区青年湖南街13号　邮政编码100011)
印　　装：北京瑞禾彩色印刷有限公司
787mm×1092mm　1/16　印张10　字数200千字　2016年4月北京第1版第1次印刷

购书咨询：010-64518888（传真：010-64519686）　　售后服务：010-64518899
网　　址：http://www.cip.com.cn
凡购买本书，如有缺损质量问题，本社销售中心负责调换。

定　　价：58.00元　　　　　　　　　　　　　版权所有　违者必究

CONTENTS

时代
风尚

时代风尚的家居环境提倡突破传统、创造革新，重视功能和空间组织，注重发挥结构构成本身的形式美，造型简洁，反对多余装饰，崇尚合理的构成工艺；尊重材料的特性，讲究材料自身的质地和色彩的配置效果；强调设计与工业生产的联系。其家居风格具有时代特色，其装饰体现功能性、合理性，在简单的设计中，也可以感受到个性的构思。材料一般用人造装饰板、玻璃、皮革、金属、塑料等；用直线表现现代的功能美。

风格元素

材质

不锈钢

文化石

大理石

玻璃

复合地板

木饰墙面

条纹壁纸

珠线帘

家具

布艺沙发

线条简练的板式家具

躺椅

造型茶几

形状图案

弧形

几何结构

方形

直线、点线面组合

颜色

黄色系

白色系

黑色系

红色系

对比色

装饰

抽象艺术画/无框画

灯光的组合设计

玻璃制品

黑白装饰画

时尚灯具

金属灯罩

隐藏式厨房电器

马赛克拼花背景墙

纯美空间

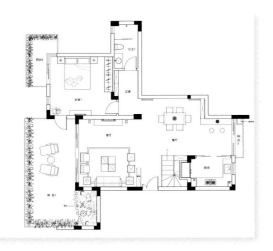

一层平面图

王五平
深圳室内设计师协会
（SZAID）理事、深圳
五平设计机构设计总监

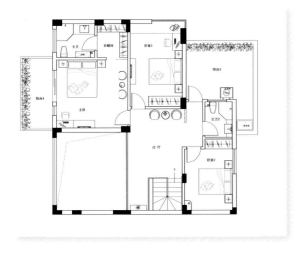

二层平面图

不折不扣的空间规划，刚柔并济的形体混搭，简洁流畅的设计手法，纯色与时尚印花相融相成，并配以设计感十足的家具，无不透视出对生活完美极致的追求，品位中渗透着对生活的专注。

户型档案

面积：260 平方米
主要材料：乳胶漆、抛光砖、墙纸、水晶灯等

❶ 玄关色调与整体空间吻合，仅用造型简单的鞋柜为家居中的收纳提供便捷。

❷ 鞋柜上放置一组金属色的艺术品，光泽明亮，为玄关增添了时尚与风情。

❸ 客厅层高较高，大型窗帘瀑布般从高处落下，气势非凡，大气而又浪漫。

❹ 电视背景墙用灰木纹石材柱框、灰镜、墙纸构成，旨在打造简洁大气并带点奢华味道的空间。

装饰元素 1：抽象艺术画

　　抽象画与自然物象极少或完全没有相近之处，而又具强烈的形式构成，因此比较符合时代风尚家居的空间。将抽象画搭配时代风尚家居，不仅可以提升空间品位，还可以达到释放整体空间感的效果。

❺ 沙发背景墙用仿皮的硬包，质感较好。一幅抽象的西方油画恰到好处地装点了沙发上空，简洁而又时尚。

❺

❻

❻ 色调上以浅色的白色、奶白色为主，干净利索。镂空线条的屏风造型营造出主题墙的感觉，搭配简洁的展示柜，丰富了餐厅景观。

❼ 在餐厅旁边设计一处吧台，既不占据太大空间，又能为主人提供一处休闲娱乐的场所。

❼

装饰元素 2：对比色

　　时代风尚家居的用色特征为使用非常强烈的对比色彩效果，创造出特立独行的个人风格。可以采用不同颜色的涂料与客厅的家具、配饰等形成对比，打破客厅原有的单调。

8

9

8 两幅黑白装饰画搭配 X 形黑白脚的餐桌，很有视觉感染力。

9 黑白搭配是永不落伍的潮流。此处选用具有镜面效应的黑色玻璃，彰显家居品质，而横栏白框又为空间增添了几分优雅与浪漫。

10 厨房选用棕金色一体式厨具，光泽明亮，搭配白色花岗岩台面，简洁大气，同时又显高贵。

10

11

⓫ 卧室没有太多复杂的装饰与搭配。素雅的壁纸，附上两幅黑白画，却也在温馨中透着美感。

⓬ 卧室中安置了电视，方便主人观看，白色的板式家具简洁又实用，还不乏时尚味道。

⓭ 门口一侧放置两把座椅，有效利用空间，实用又美观。抽象油画与插画起到了点缀作用，让空间视觉效果更加突出。

致　简

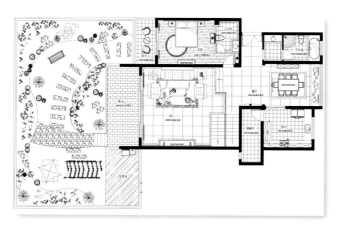

一层平面图

由伟壮
由伟壮装饰设计创办
人、IFDA 国际室内协
会注册高级工程师

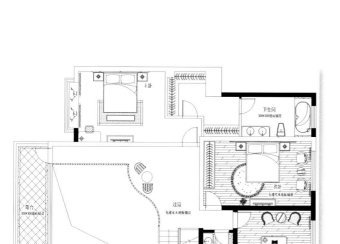

二层平面图

本案是一种淡雅的、浅灰色调的、高亮的时代风尚家居。绿色调贯穿整个空间，并有褐色点缀其中。水晶灯、沙发、靠垫、灰镜等元素相互融合，给整个空间带来一种优雅的气息。纵观整个设计，每处都有绿色的元素贯穿其中，不管是植物也好、色彩也好，给人带来一种来自生命的纵深感。

户型档案

面积：270 平方米
主材：大理石、硬包、贝壳幻彩马赛克、雪弗板雕刻、黑镜、饰面板、墙纸、10 毫米钢化玻璃等

❶ 华丽晶莹的水晶灯、一层过道上方波浪形的吊顶造型、茶镜铺贴、带玻璃护栏的半封闭式实木扶手梯等元素互相融合，优雅而浪漫。

❷ 沙发靠垫上的叶子装饰与过道处雪弗板上的树枝造型遥相呼应，富有整体感。

❸ 大面积的落地窗给居室带来很好的光感,素雅的色彩为居者带来良好的视觉感受。

❹ 过道中的马赛克拼贴图案为居室带来时尚的气息。

装饰元素 3:马赛克拼花背景墙

在时代风尚的家居中,可以用马赛克拼花来打造一面背景墙。既可以选择商家提供的图案,也可以自己选择图案让厂家制作。这样量身定制的模式非常符合当下年轻业主们的需求。

❸

❹

❺ 餐厅背景墙被设计成一处展示空间，玲珑的工艺品彰显出主人的品位，镜面装饰则起到了放大空间的作用。

❻ 餐厅临近厨房，既方便上餐，又容易打扫，是一条高效的家务动线。

7 厨房中部设计吧台，便于操作与菜品的过渡，有效利用了空间。

8 黑白相间的厨房因为烛台与咖啡过滤器的加入，而彰显出一种高雅的格调。

9 卧室在色彩与装饰上都与客厅吻合，有着一脉相承的设计手法。

⑩ 书房的设计简洁，除了使用的书桌椅及书架之外，没有多余的摆设，呈现出整洁利落的容颜。

⑪ 书橱通体白色，利落整洁，带给人安静平和的心情，展示品量虽少，但十分精致，显示了主人的追求。

装饰元素 4：线条简练的板式家具

　　板式家具简洁明快、新潮，布置灵活，价格容易选择，是家具市场的主流。而时代风尚家居追求造型简洁的特性使板式家具成为此风格的最佳搭配，其中，以茶几和电视背景墙的装饰为主。

⑫ 卫浴门口的空白墙上挂上一幅油画，既避免了单调，又提升了居家的品质。

⑬ 卫浴通透明亮，同色系的釉面砖不仅用来装饰墙面，也铺满了地面。为了避免单调，小范围地使用了马赛克瓷砖来调动整体空间的氛围。

不染铅华

一层平面图

二层平面图

三层平面图

陈建佑
台北珥本设计工作室设计总监

独栋透天的别墅，在垂直的动线与连贯性上有相当好的表现；空间的充足，也使每个家庭成员各有其独立的生活空间，并且每个楼层都具有其主题性。本案在不流于老气、也不盲目追求流行的原则中，表达出一种雅致的空间表情。

四层平面图

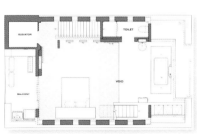

五层平面图

负一层平面图

户型档案

面积：621 平方米
主要材料：结眼橡木木皮、安格拉珍珠石、卡拉拉白石、罗马白洞石、皮革板、黑铁烤漆、茶镜等

1

2

❶ 电视背景墙运用具有时间断面纹
理与自然腐蚀状孔洞的材料塑造，
建构出更有张力感的画面。

❷ 客厅中随意放置的两把座椅，既
有装饰性，也显示出业主悠然自得
的生活态度。

❸ 调高的空间营造出开阔氛围，令人置身其中，不显压抑。

❹ 做旧的绿色涂漆家具与现代的玻璃座椅形成材质上的对比，十分具有视觉冲击力。

装饰元素 5：黑白装饰画
　　黑白装饰画表现出时尚、现代、无拘无束的个性，适合时代风尚家居的设计，让画作在房间里充满活力。黑白装饰画既可以单幅出现，也可以用套画多拼的形式，表现出现代装饰的潮流感。

5

装饰元素 6：大理石

在时代风尚家居中，往往会选择大理石来装饰，比如大理石铺贴的地面、大理石塑造的电视背景墙、大理石装贴的厨房台面等。但是因为大理石的种类很多，在选购时要注意和家居的整体色彩相协调。

❺ 开放式厨房同时与餐厅、阅读空间连为一体，让身为主要料理者的女主人与其他家庭成员能有零距离的互动。

❻ 大理石吧台造型简洁，与整体居室风格相符，与食材们交织出和谐的生活感。

6

❼ 吧台与餐桌位于同一直线上，既统一，又不乏材质上的区分。

8

9

❽ 橡木节眼木皮运用于主卧的部分墙面，展现出洗练的都会感，与空间的气质并存。

❾ 主卧与主卫不做硬性隔断，更显通透感；窗外的绿植则为空间注入生机。

⑩ 业主其中一个女儿的房间。皮革绷板是介于温暖与冷酷的中间材质，即使与肌肤相互接触与摩擦，也不会产生令人强烈的排斥感。

⑪ 另一个女儿房相对优雅安静，蓝色与白色的搭配显得清爽自然。

⑫ 在墙面的一侧摆放长桌，丝毫不占用空间的同时，增加了居室的功能性。

⑬ 卫浴中的按摩浴缸为业主带来了舒适的生活体验。

⑭ 卫浴中的黑色漆铁的使用令空间产生大量的冲突美学，增加界面间的趣味性。

⑮ 木色书房显得十分温醇。开放式的书架简洁而不乏装饰性。

艺术·家

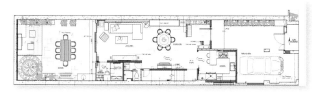

一层平面图

冯建耀
冯建耀室内设计公司
总裁

二层平面图

　　本案中大量镜面的使用让人产生无限遐想。光与影在整面墙的镜中互相呼应，令这个家不只是浓墨重彩，更是充满艺术的气息。推开门，家就像一件闪烁着设计光芒的艺术品。这样的空间中会回荡起伏着旋律。是设计令简单平凡的家充满艺术气息……

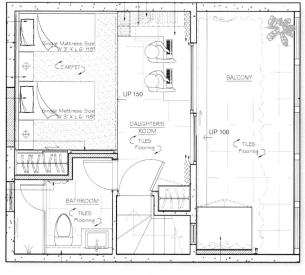

三层平面图

户型档案

面积：625 平方米
主材：玻璃、壁纸、石材、地砖、地毯、软包、玻璃砖等

❶ 在玄关处设置了由特色玻璃及橡木造成的透光屏风，令居室更具有艺术感。同时，搁置了小沙发，可以用来休憩。

❷ 大面积的镜面吊顶与整面墙的玻璃推拉门，令整个空间呈现出非常开阔的姿态。

装饰元素 7：玻璃

　　玻璃饰材的出现，让人在空灵、明朗、透彻中丰富了对时代风尚家居的视觉理解。同时，它作为一种装饰效果突出的饰材，可以塑造空间与视觉之间的丰富关系。比如，雾面朦胧的玻璃与绘图图案的随意组合最能体现现代家居空间的变化。

❸ 白色沙发搭配黑色抱枕，装饰手法虽然简单，但非常经典，开放式空间也令居室显得整洁有序。

④ 餐厅客厅之间在墙饰和吊顶上作了区分，使功能分区更加明显。黑色装饰与客厅色彩十分搭配，浑然一体。

⑤ 在餐厅一侧放置一架钢琴，既有效利用了空间，又有怡情作用。

❻ 餐厅背景墙将镜面与饰面板相结合，既呈现出自然感，又充满
时尚感。同时，水晶吊灯的运用又为空间带了别样的美感。

❼ 厨房以特色玻璃门做分隔，使厨房与客餐厅贯通，又可以阻隔油烟。

❽ 厨房设有小吧台，可作早餐区及屋主把酒言欢的地方。

9

10

⑨ 主人房床头板用了米白色门皮组成，配合着特色贝壳纸皮饰面，使房间充满着时尚感。同时，在卧室安装了一组书台及书柜，便于屋主摆放书籍及工作。

⑩ 在卧室内安装了一个玻璃间隔及门通往衣帽间，令居者能够更好地收纳自己的衣物。

⑪ 衣帽间整体采用灰色调，家居简洁大方，没有一丝赘余装饰，彰显大气与品质。

11

装饰元素 8：几何造型

　　时代风尚的家居中除了横平竖直的方正空间外，如果将空间打造成圆形、弧形、折线形等，可以令空间充满造型感，体现时代风尚家居的创新理念。

⓬ 女儿房中大部分墙身用了米白色简约墙纸，唯独床头板运用了粉蓝色软包及条纹壁布装饰，视觉效果上更为突出。

⓭ 设计师为增加空间感，将吊顶设计为斜顶，并以白色木条作点缀，为女儿房增加独特感觉。

⑭ 临近女儿房的阳台充分接触户外气息，也成为了平时一家人晒太阳的空间。

⑮ 设计师将户外露台用流水池、户外木、烧烤区及花草树木打造成一处小桥流水、鸟语花香的空间。

⓰ 卫浴间主要用了米色及黑色作主调，配以绿植作点缀，营造度假的悠然感觉。

⓱ 黑色的台面石，再利用竖条形状的灰镜及清镜作面盆柜的设计，使整个洗手间的设计更具有立体感。

⑱ 客卫主要用白色及粉红色作主调，整个空间被营造得既舒适又带有女性的柔美。

⑲ 楼梯运用玻璃和釉面砖来塑造，设计手法非常简单，却与整体空间的格调搭配得恰到好处。

黑白经典

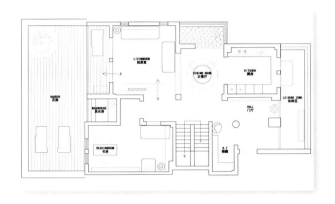

一层平面图

二层平面图

朱国庆
MC 时尚空间设计创意
总监、7KK DESIGN 设
计总监

　　本案以黑白色作基调，对比鲜明，简洁而时尚。软装配饰也不乏精致，休闲而美观，低调中透着隐隐的华美。多边形灯槽贯穿整个居室设计，如跳动的音符，让居室的整体感更强。

户型档案

面积：250 平方米
主材：乳胶漆、实木复合地板、釉面砖等

装饰元素 9: 金属工艺品

　　金属工艺品质感强烈，现代感十足，对空间环境的效果起到强化和烘托的作用，因此，很符合时代风尚家居追求创造革新的需求。

❶ 以高贵低调的黑色为基底的客厅场域，流露出与众不同的性格张力，搭配白色墙壁，色彩分明，干净利落。

❷ 镜面半墙既有隔断围合作用，同时通透性较强，有效衔接不同空间。

❸ 餐厅上空利用多边形灯槽装饰白墙，独具一格。玻璃护栏既有围合作用，又通透美观，使气氛更加明朗活泼。

❹ 棉麻布艺沙发是现代式家居最为流行的家具之一，搭配造型特殊的水晶吊灯和半圆式座椅，时尚而又休闲。

❺

❺ 彩虹吊灯为黑白主调的餐厅增加了些许活泼的气氛，使就餐氛围轻松而愉快。

❻ 餐厅窗前设计卧榻，并用部分墙壁围合，与上部空间保持一致。

❻

❼ 实木地板原色清新，竖条纹的壁纸简洁淡雅，四幅黑白的艺术画装点了空间，使其更显高雅。

❽ 多边形的灯槽组合是本案例中贯穿的一个元素，将居室串联起来，更具有整体感。

装饰元素 10：时尚灯具

　　时代风尚家居中的灯具除了具备照明功能外，更多的是装饰作用。灯具采用金属、玻璃及陶瓷制品作为灯架，在设计风格上脱离了传统的局限，再加上个性化设计，完美的比例分隔，以及自然、质朴的色彩搭配，可以塑造出独具品位的个性化的居室空间。

❾ 黑色的书橱与办公桌，让书房更显安静，而纯木地板与木色壁纸，则为书房增添了许多自然气息，让书房更舒适。

❿ 书房选用简约大气的板式家具，功能性为主，但同样不失美观。艺术吊灯与其他摆设共同为书房增添了时尚气息。

⑪ 厨房延续了客厅风格，黑色的
一体厨具高端大气，而乳黄色的
台面更显干净明亮。

⑫ 卫浴内沿墙边摆放一排衣橱，光泽明亮，彰显出不凡的品质。

⑬ 卫浴间采用白色调，干净整洁，干湿分区，方便日常生活。

⑭ 浴室内放置一台健身器，有效利用空间，同时方便主人健身运动。

⑮

⑮ 一顶遮阳伞，几张桌椅，再搭配几盆盆景，稍加布置，露台就变身为主人休闲的好去处。

⑯ 客卫深色墙地砖简洁、大气、沉稳，精致的做工更是提升了空间的档次，让家居生活更加舒适温馨。

⑯

品质空间

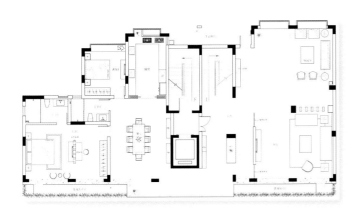

一层平面图

王五平
深圳室内设计师协会
（SZAID）理事、深圳
五平设计机构设计总监

本案设计在材质运用上，更加注重品质感；在空间处理上，采用空间相互渗透，大而不空，力求营造一个现代时尚、大气精致的空间。有着这样的空间气质，在历尽铅华之后，重新回归，房子不再是一种奢华展示，而是一种舒适、简约的品质感受。

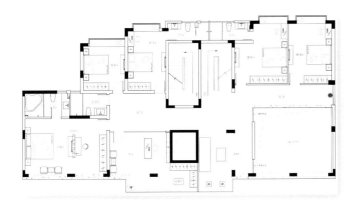

二层平面图

户型档案
面积：700 平方米
主材：灰大纹大理石砖、多乐士乳胶漆、水曲柳油白、皮革、墙纸等

装饰元素 11：造型茶几

　　在时代风尚家居的客厅中，除了运用材料、色彩等技巧营造格调以外，还可以选择造型感极强的茶几作为装点的元素。此种手法不仅简单易操作，还能大大地提升房间的现代感。

❶ 沙发背景墙镶嵌了镜面砖，使其视觉效果更加丰富。白色格栅墙壁形体高大，灰白搭配，十分显眼。

❷ 茶几造型独特新颖，色调上黑白搭配，十分恰当。

❸ 餐厅整体色调为灰木色，干净自然。落地窗让空间更加明亮宽敞，开阔了视野，增加了进餐舒适度。

❹ 一侧墙面选用白色方格做装饰，既美观，又具有收纳功能，一举两得。

5 白色台面，深色马赛克装饰立面，搭配金属吊灯与坐凳，让吧台时尚又休闲，韵味十足。

6 餐厅与客厅之间设置了吧台，可供主人休闲小饮，十分惬意。

❼

❼ 清爽的卧室以浅色为视觉基调，给人一种明净、通透的感觉。

❽ 书房色彩对比鲜明，大面积白色与黑色书桌营造出一种安静、明朗的读书氛围。

❽

⑨ 厨房采用金属一体式厨具，铺贴花色釉面瓷砖，十分大气。

⑩ 卫浴色块明显，线条感较强，没有多余装饰。但不同颜色大小的面砖合理搭配，也营造出较好的视觉效果。

装饰元素 12：隐藏式厨房电器

　　现代生活讲究方便快捷，高效而又利索。隐藏式厨房电器则迎合了人们这一需求，以其整洁美观的优势赢得人们喜爱，更是时代风尚家居中不可缺少的元素。

⑪ 家庭休闲厅自然清新，布置上以休闲舒适为主，但毫不失格调，整体时尚感较强。

⑫ 会客厅采用钢琴黑白键毛毯，让空间充满韵律，仿佛空气都在随着音符跳动。

⑬ 金属色的沙发背景墙简单大气，搭配样式简洁的金属色沙发，十分和谐。两幅艺术画调和色彩的同时，彰显了主人的品位。

境·界

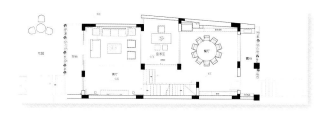

一层平面图

二层平面图

三层平面图

王五平
深圳室内设计师协会
（SZAID）理事、深圳
五平设计机构设计总监

本项目在硬装设计上，主要通过材质对比、形态比例关系的和谐统一，达到装饰不留痕迹的境界，为软装的进场留下了很好的空间。纵观软装的配饰，保留硬装的装饰手法，不追求多且要点睛。在家具和配饰的选择上，做工精细，质地优良，色彩层次到位。这一切无不在传达着设计师的用心以及主人对生活的追求。

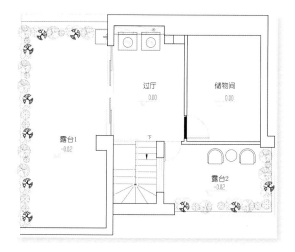

四层平面图

户型档案

面积：600 平方米
主材：银白龙大理石、灰木纹大理石、墙纸、皮革、灰镜、水曲柳擦色等

负一层平面图

❶ 清新优雅的壁纸、棕木色的面砖，搭配原木色的墙面装饰与大理石地面，元素虽多，但毫不杂乱，共同营造出时尚、明快的客厅休闲氛围。

❷ 沙发背景墙采用黑色石材与浅色面组合而成，并用黑色镜面点缀，使其更加大气。艺术画的使用则提升了整个空间的品质。

❸ 清澈明亮的落地窗，浪漫唯美的双层窗帘，让客厅更加明亮优雅。

❹ 茶室和客厅之间采用原木色的墙面装饰过渡，使时尚优雅的客厅与自然古朴的茶室衔接自然，统一为整体。

装饰元素 13：文化石

　　文化石质感质感丰富，形态自然，可塑性较强，粗糙的纹理能烘托出设计独特的现代家居的精致感，形成强烈的质感对比。可以用文化石制作一面古典风情浓郁的主题墙，使家居装潢在精致中流露出一丝随意。

❺ 复古的青砖墙面，古朴的实木家具，让茶室充满古色古香，茶香也仿佛萦绕鼻梁。

❻ 藻井式吊顶深浅颜色搭配更有纵深感，与茶室等空间的分隔也更为明显。

❼ 精美家具搭配时尚展橱，和谐而优美。高端的品质让餐厅氛围更加典雅。

❻

❼

⑧ 为避免单调，将吊顶设计为人字形，搭配清新的壁纸与优雅的流线条床具，让整个卧室充满温馨与美感。

⑨ 白红小树相间的花纹壁纸让整个卧室充满自然的味道，有一种别样的典雅。

❿

装饰元素 14：灯光的组合设计

    不同大小、方向、形状、颜色的灯光组合在一起，能营造不同的灯光氛围，或温馨，或高冷，或火热，或浪漫。时代风尚家居中，可以利用灯光的组合设计打造理想的居室氛围。

❿ 简约的暗花壁纸给整个空间带来大气与优雅。造型茶几与枣红色沙发则增添了几分时尚气息。

⓫ 在休闲室一侧放置桌椅，可供打牌娱乐，为主人提供又一处休闲娱乐的场所。

静 · 木

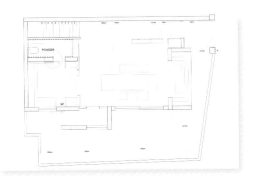

一层平面图

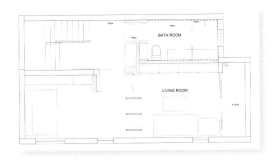

二层平面图

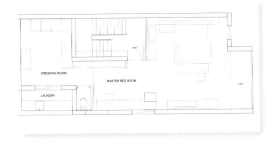

三层平面图

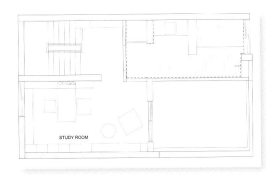

四层平面图

杨峻淞
台北开物设计工作室资
深设计师

透过西南及西北侧面的大型落地窗，纳入大量阳光，并拉出一道长长的餐桌，浪漫而温馨。每层楼的空间之中，减少了隔间系统，加强楼层空间的穿透性，经过旋转、推拉的动作延伸，使空间随着这些动作而有不同的功能，产生大气的空间感。这是对居住者的邀请，也是对自然的邀请。

户型档案

面积：250 平方米
主材：油染灰蓝色木地板、胡桃木皮、厚橡木钢刷木皮、苏菲亚石、意大利微粉透心砖、铁件、真丝壁纸、茶镜、蓝灰色漆面等

装饰元素 15：布艺沙发

　　布艺沙发主要是指主料是布的沙发，经过艺术加工，达到一定的艺术效果，满足人们的生活需求。布艺沙发具有时尚、经济、实用、美观的优点，深受人们喜爱，在时代风尚家居中经常使用。

❶ 实木板式家具与布艺沙发搭配，让空间更加自然与舒适。瓷瓶插花则为居室带来别样的韵味美。

❷ 落地窗占满整个墙面，通透性较好，也让室内空间更为明亮宽敞。

❸ 餐厅两面环窗，视野较为开阔，品味美食的同时，还可以欣赏美景，陶冶情操。

❹ 实木展示柜与艺术画的装点让餐厅更富有艺术气息，空间氛围也高雅起来。

装饰元素 16：复合地板

在时代风尚家居中，复合地板应该是首选。因为复合地板大多有着相对丰富的色彩和图案可供搭配选择，比较符合时代风尚家居的要求。

❺ 餐桌依势而建，别致有趣，而瓷器展示格子与镜面楼梯，一个古朴、一个现代，相邻对比，逸趣横生。

❻ 夜色朦胧，月光洒在窗边，此时的餐厅浪漫朦胧，十分唯美。

⑦ 厨房采用推拉门，更能节省空间；与餐厅毗邻，方便家居生活，是一条快捷高效的布局路线。

⑧ 以灰色调为基调，营造出沉静与放松的空间氛围。实木展示柜安置了灯槽，柔和的灯光让空间温馨十足。

⑨ 卧室以舒适为主，布局上也着重考虑功能性。实木家具、仿古地板等，营造了一个温馨放松的居室环境。

⑩ 卧室的落地窗面向郁郁葱葱的山景，生机盎然，绿意丛生，带给居住者一个好心情。

⓫ 书房中的家具一律采用实木材料，格调清新自然，书香气十足。为避免单调，在木材的颜色上做了区分，统一中又有个性。

⓬ 书房吊顶为折线形，变化丰富，且书柜顶部也是依据吊顶形状定制，有效利用了空间，视觉效果较为丰富。

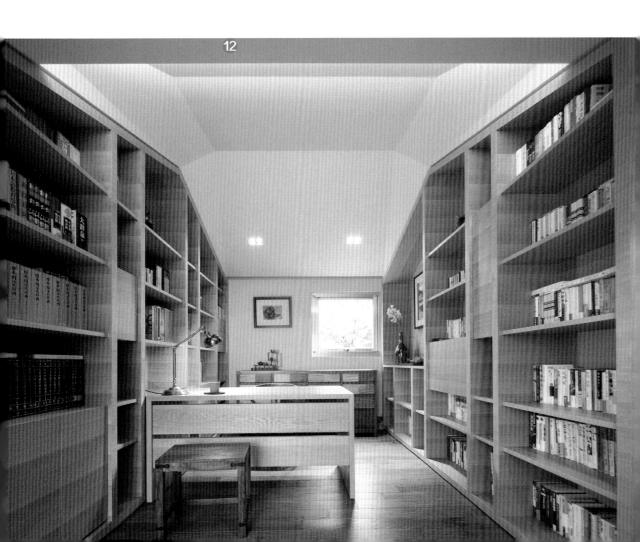

13

⑬ 楼梯设计个性十足，带有书架的功能，与楼上书房风格一致，互为一体。

⑭ 卫浴通体采用黑色调，高端大气，对比之下，白色浴池更显干净纯洁，凸显品质。

⑮ 灰色调的卫浴中，石材与防潮木搭配，既易于打扫，又充满自然气息。

低调奢华

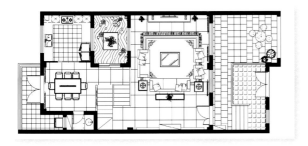

一层平面图

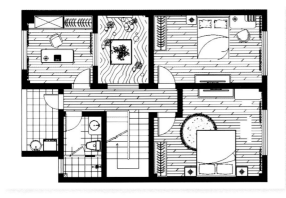

二层平面图

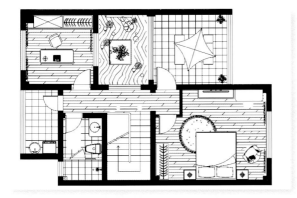

三层平面图

四层平面图

由伟壮
由伟壮装饰设计创办人、
IFDA 国际室内协会注册
高级工程师

　　本案用色较轻，局部用重色点缀，平实之中带有些许奢华，运用镜面、实木等材料打造简单平凡但精致的舒适空间，令这个家不止是浓墨重彩，而是充满着艺术气息，表达着主人对细节的完美追求。

户型档案

面积：285 平方米
主材：饰面板、实木地板、石材等

❶ 玄关处利用储物柜与艺术油画装饰，搭配白色砖背景墙，自然而又充满艺术气息。

❷ 吊顶简洁大方，灰镜装饰也让空间更加明朗，搭配木材装饰墙，时尚又不失自然。

装饰元素 17：木饰墙面
　　木饰墙面具有自然、美观、操作方便等优点，可为空间带来亲切的舒适感，在时代风尚家居中较常使用。

❸ 运用冰裂纹的镜面处理，既放大了视觉空间，又起到了美观装饰的作用。

❹ 家具造型简约时尚，又充分考虑到舒适性的功能，整个客厅时尚而又休闲。

❺ 米黄色横条装饰板，深色实木地板，没有过多的装饰，打开灯，温暖的灯光洒向床头，营造出舒适温馨的卧室氛围。

❻ 卧室墙大部分为白色，仅靠窗部分设计为黑镜，使卧室层次感更深，设计感较强。

⑦ 书房内的书橱也具有储物的功能，便于主人的日常生活。

⑧ 深色实木地板，简约时尚的现代式书桌，再来一幅艺术画做点缀，书房的书香气息立刻显现出来。

9 欧式一体厨具简约又实用，厨房光线较好，让整个空间充满阳光的温暖味道。

10 黑白灰是永远的时尚搭配，用在卫浴既容易打理，又能体现主人对时尚和色彩的把握。

11 亚麻色地板搭配宽窄不同的白色瓷砖，自然而又亲切，提升了卫浴的舒适度。

⑫

装饰元素 18： 方形

　　方形带给人规整、简单大方的感觉，与其他形状图案也较易融合，是时代风尚家居常用的元素之一。

⑬

⑫ 红棕色的木质吊顶，为娱乐室带来无限热情与活力。在这里，主人的心情能够得到完全放松，情绪完全释放。

⑬ 炫酷的玻璃黑镜，搭配黄色冰裂花纹装饰，展现出无限的张力。

⑭ 楼梯的一侧为玻璃，一侧为白色木质格栏，并巧妙设计钟表，时尚感扑面而来。

⑮ 楼梯拐角处利用油画与风铃装饰，避免单调，在细节中展现主人对生活的热爱。

写意
简约

写意简约家居体现在设计上的细节把握。对比是装修中惯用的设计方式，这种方式是艺术设计的基本定型技巧，它把两种不同的事物、形体、色彩等做对照，如方与圆、新与旧、大与小、黑与白、深与浅、粗与细等。通过把两个明显对立的元素放在同一空间中，经过设计，使其既对立又和谐，既矛盾又统一，在强烈反差中获得鲜明对比，求得互补和满足的效果。用流行色来装点空间，突出流行趋势。选择浅色系的家具，使用白色、灰色、蓝色、棕色等自然色彩，结合自然主义的主题，设计灵活的多功能家居空间，这也是写意简约家居的精髓。

风格元素

材质

纯色壁纸

条纹壁纸

抛光砖

通体砖

镜面 / 烤漆玻璃

石材

饰面板造型

纯色涂料

家具

低矮家具

直线条家具

多功能家具

带有收纳功能的家具

装饰

纯色地毯

黑白装饰画

金属果盘

吸顶灯

灯槽

颜色

白色　　　　　白色＋黑色　　　　木色＋白色　　　　白色＋灰色

白色＋米色　　　　米色　　　　　中间色　　　　　单一色调

形状图案

直线　　　　　直角

通透隔断　　　　几何图案　　　　　大面积色块

纯色爱恋

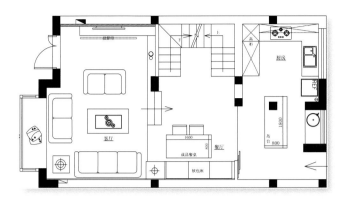

一层平面图

王飞
中国建筑学会室内设计
分会会员、IFDA 国际室
内装饰设计协会会员

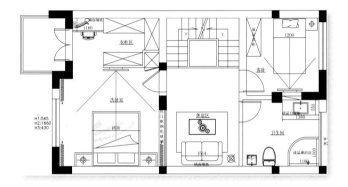

二层平面图

本案无论是家具还是饰品，都有着流畅的线条以及优美的形态。虽然在颜色的选择上极其简约，却因为点缀了不同亮度与纯度的深色陈设，体现时代特征。没有过分的装饰，一切从功能出发，强调外观的明快、简洁。

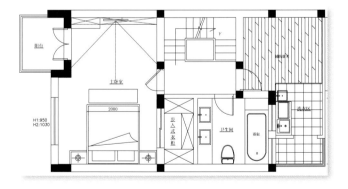

三层平面图

户型档案

面积：300 平方米

主要材料：乳胶漆、抛光砖、板材等

❶ 客厅从配色到装饰，都简单至极，却并不流于空洞。因色彩的深浅交错，令空间有了跳跃的神色。

❷ 餐厅中朴实的桌椅造型，简约的色彩搭配，却因为装饰着不同色彩与纯度的深色陈设，显示出自然与大气的姿态。

❸ 开放式的厨房设计，厨房黑白色线条的大面积运用，黑与白的空间转换，既呼应了空间简洁的主题，又丰富了视觉的感受。

❹ 以黑白灰为主色调的厨房设计简洁，没有丝毫繁复的用笔；硬朗的直线条令空间更加流畅。

装饰元素 1：直线

　　线条是空间风格的架构，简洁的直线条最能表现出写意简约家居的特点。要塑造简约空间风格，一定要先将空间线条重新整理，整合空间中的垂直线条，讲求对称与平衡；不做无用的装饰，呈现出利落的线条，让视觉不受阻碍地在空间中延伸。

❺ 主卧设计简单，墙体黑与白的色彩对比展现出"简约"宗旨，令居住者得到舒适的享受。

❻ 次卧设计有着大面积的采光，并利用一面墙来设置成临时的工作台面，非常节约空间。

❼ 主卫线条利落，通透而明亮。浴缸处一抹绿色的点染，跳脱出生机无限。

❽ 主卫拥有通透的采光，在素雅的环境下，泡上一个舒适的热水澡，不失为一种享受。

装饰元素 2：白色
　　用白色调呈现干净、通透的简约风格居室，是很讨巧的办法。因为白色所体现出的高雅纯美的格调，非常符合简约家居的气质，不浮躁、不繁杂，令人的情绪可以很快安定下来。

❾ 客卫素洁的色彩、朴素的材料、舒适合理的功能布局，无声地吻合着整体空间简约的理念。

❿ 客卫的墙面、地面整体质地纯洁，颜色简单素雅；造型简洁的双人洗手池，避免了人多时的麻烦。

⑪ 简单的二楼平台空间，摆放舒适朴素的沙发，成就一个简洁至极的享受空间。

⑫ 休闲空间的线条简单，功能齐全，符合现代人追求便捷的生活方式。

太　平

一层平面图

颜辰羽
台北禾佾空间设计事务
所设计师

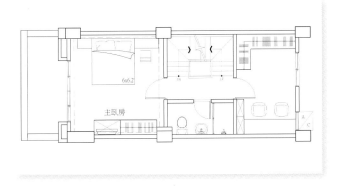

二层平面图

本案设计没有太多装潢，除了造型电视墙，其余大面积的留白，希望营造出现代极简的品位。由于厨房没有多余的空间可以设置电器柜，且业主希望不要一开大门就看见厨房，针对这两点设计出 L 形的电视主墙，并结合电器柜，阻隔了进门看到厨房的问题。

户型档案
面积：115 平方米
主材：橡木集成材、烤漆玻璃、木地板等

1

❶ 客厅与玄关融合，进门即是客厅，方便人们出入活动，增大了客厅的使用面积。

❷ 乳白的空间用色，一直是简约派的常用手段；窗户旁的柜子变成可以供人休憩的地方。

❸ 楼梯下的空间变成小小的储藏间，充分利用了空间；白色的门与墙体同色，若有似无。

装饰元素 3：几何图案

在写意简约的家居空间中，不需要繁琐的装潢和过多的家具，仅用造型来改变空间面貌即可。线条利落的几何图案既简洁，又极具造型感，是写意简约家居的最佳造型方案。

❹ 客厅与餐厅之间用半隔断方式区别空间，创意十足，且不影响空间的通透性。

❹

⑤ 创意的餐桌造型，令设计简约又时尚。

⑥ 将简单的隔断设计成收纳柜，避免了进门就能看见
厨房的尴尬，同时起到了区分空间的作用。

❼

装饰元素 4：多功能家具

　　多功能家具是一种在具备传统家具初始功能的基础上，实现更多新设功能的家具类产品，是对家具的再设计。这些家具为生活提供了便利。

❽

❼ 将电视收纳在橱柜内，淡化了空间体量，增大了房间使用面积。

❽ 利用小空间设计出一个朴素的小书房，既可以在此阅读，也可以在此工作，实用性极强。

光影空间

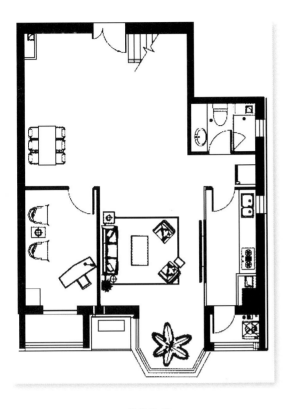

一层平面图

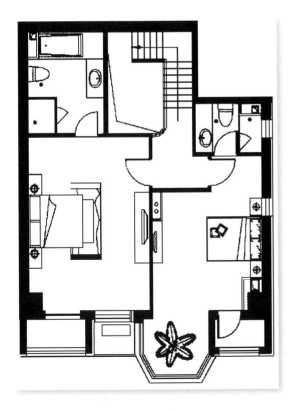

二层平面图

徐建彬
北京风尚印象装饰有限
责任公司设计师

设计师将环境、形象、风格与声、光、色创造性地融合，对空间进行了二次限定；通过形体、色彩以及虚实关系的把握、功能组合关系的斟酌、意境的营造以及与周围环境的融合，创造了摩登精致、耐人寻味的整体空间艺术。

户型档案

面积：160 平方米
主材：墙纸、茶镜、装饰画、水晶吊灯、大理石、洞石等

装饰元素 5：纯色涂料

    涂料具有防腐、防水、防油、耐化学品、耐光、耐温等功用，非常符合写意简约家居追求实用性的特点。用纯色涂料来装点简约风格的家居，不仅能将空间塑造得十分干净、通透，又方便打扫，可谓一举两得。

❶ 客厅设计整体简洁，纯白沙发与原木电视墙相互呼应，每一个细节都呈现出令人舒适的感觉。

❷ 沙发背景墙只做了简单处理，白色墙面挂上画框，设计十分简洁。

❸ 白色的橱柜保持室内风格的统一，黑色台面解除了视觉疲劳。

❹ 客厅与餐厅相通，顶部的吊顶简单大方，上下灯光遥相呼应，显现灯光的自然性，凸显简洁流畅的设计风格。

⑤ 卧室中墙壁、家具以及灯光的颜色皆为暖色调，令居者在此轻易消除疲劳。

⑥ 本案中卧室光线不太好，因此用浅色调装饰墙面，不仅有增强采光的作用，看上去还简约至极。

⑦ 卧室摆放舒适的躺椅，令人在感受到时光的恬静。

⑧ 卧室中设有独立的卫浴，并与衣柜融为一体，满足了空间的实用性。

9 次卧背景墙的灯光布置，多以局部照明处理，同时，与该区域的吊顶灯光协调考虑，塑造出和谐的照明环境。

10 书房中设置了一整面的书墙，丰富了立面空间，也增加了空间的视觉变化。

⓫ 卫浴虽小，但整体协调、规整，米黄色的墙砖与白色的浴具搭配得十分相宜。

⓬ 卫浴"三大件"的色彩风格一致，并实现了干湿分区，既方便使用，又令空间显得非常整洁。

装饰元素 6：通体砖

　　通体砖是将岩石碎屑经过高压压制而成，表面抛光后坚硬度可与石材相比，吸水率更低，耐磨性好，是十分适合卫浴的墙面及地面装饰材料；其简洁造型也非常符合写意简约风格的设计精髓。

13

⑬ 楼梯下部空间放置的收纳柜兼具收纳与展示功能，令楼梯空间充分被利用；楼梯墙面上的装饰画令上下空间有统一的贯穿元素，极具实用和装饰效果。

静 怡

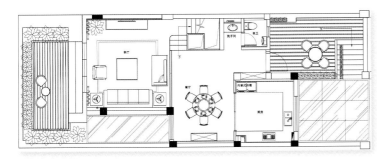

一层平面图

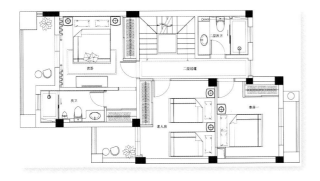

二层平面图

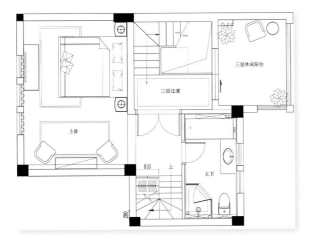

三层平面图

孙冲
云南昆明中策装饰（集团）主任设计师

　　简约不是单调、呆板，而是一种充满设计感的简洁。本案以写意简约风格诠释，以中性色为基调，搭配木纹色瓷砖和木纹色木质面板，寓意自然生态；同时打造出悠闲、舒适、幸福的生活空间。

户型档案
面积：350 平方米
主材：瓷砖、石材、马赛克、墙纸、木质白色混油线条、灰镜等

① 客厅造型简单，彰显大方的格
调；吊顶灯光与浅色沙发相呼应，
提升了客厅的整体格调。

装饰元素 7：纯色地毯

　　质地柔软的地毯常常被用
于各种风格的家居装饰中。而写
意简约风格的家居追求简洁的特
性，因此在地毯的选择上，最好
选择纯色地毯，这样就不用担心
过于花哨的图案和色彩与整体风
格冲突。而且对于每天都要看到
的软装来说，纯色的也更加耐看。

❷ 电视背景墙采用米色墙纸和石膏进行装饰，营造出层次感；一旁的盆栽则令整个空间拥有了大自然的气息。

❸ 用玻璃推拉门作为客厅与阳台的分隔，令空间面积在视觉上呈现出开阔与流畅的基调。

❹ 餐厅与厨房相连，方便上餐，也方便打扫；采用镜面作为墙面装饰，扩大了空间视觉面积，带给人更为舒适的空间感受。

❺ 餐椅的造型及配色与地面、顶面的构图相互呼应，带给人与众不同的视觉感受。

❻ 质感舒适的壁纸，简洁、实用
的家具令主卧不乏时代气息，令人
在空间中得到放松。

❼ 墙角处的座椅与墙面上的壁炉，
无不传达出业主闲适的生活态度。

装饰元素 8：条纹壁纸

　　写意简约风格的家居追求简洁的线条，因此素色的条纹壁纸是其装饰材料的绝佳选择。其中，横条纹壁纸有扩展空间的作用；而竖条纹壁纸则可以令层高较低的空间显得高挑，避免压抑感。

⑧ 次卧布局简单，色调素雅，一切以舒适为原则；简洁的储物家具，可以方便地达到整洁而实用的收纳效果。

⑨ 书房设计营造出安静、高雅的书香气息，高大的储书柜很好地解决了储书的需要，使书房更显宽敞明亮。

⑩ 厨房空间宽阔，橱柜造型上下一体的设计质朴简约，给主人提供了方便的操作空间。

⑪ 主卫整体造型统一，布局简约；将洗手台做大的设计，方便居者梳洗打扮。

⑫ 次卫中的玻璃门不仅能使居室得到明亮的光线，还使卫浴进行了干湿分区。

⑬ 将面积大不的空间布置成一个洗漱空间，光影变换，
充分利用了空间布局。

⑭ 楼道与楼梯之间进行功能转变，不规则的扶手造型，
体现了设计的创意。

⑮ 楼梯下空间被打造成传统的日式枯山水景观，彰显
整体设计的文化底蕴。

14 **15**

文艺小宅

一层平面图

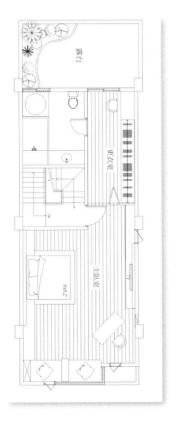

二层平面图

颜辰羽
台北禾佾空间设计事务
所设计师

　　本案写意简约风格呈现，为了令一楼各空间有区隔又能有穿透，于是将客厅与餐厅之间运用线帘做为区隔，厨房与餐厅运用夹纱玻璃区隔。二楼整层为主卧房，大面积的落地窗使得外面的绿意盎然映入眼帘。

户型档案

面积：198 平方米
主材：橡木皮、烤漆、壁纸、夹纱玻璃、超耐磨木地板等

❶ 舒适的布艺沙发，单一的色彩装饰，明亮的玻面地砖，打造了一个明亮温馨的客厅环境。

❷ 背景墙的木质装饰板，角落的绿植装饰及布艺沙发，无不令居住环境显得文艺、舒适。

❸ 简单大方的暖心桌椅，温暖的红色吊灯，在线帘的掩映下，带来一丝浪漫的气息。

❹ 客厅与餐厅用线帘相隔，提亮了空间采光；楼梯下部设计成简易的收纳装饰空间，令空间得到了合理利用。

装饰元素 9：通透隔断

在现代简约的居室中，应尽量避免硬性的墙体隔断，可以采用通透隔断来增加居室的通透性。如用线帘、珠帘等分隔空间，不仅会起到异化空间的效果，还能隐约透着些许神秘感，成为整个居室的亮点。

③

④

5

装饰元素 10：白色 + 木色

　　写意简约风格的家居在用色上偏爱浅色调。如白色和木色相搭配，不仅可以创造出舒适的居住氛围，也能体现出写意简约风格的自然与素雅氛围。

❺ 对称式的家具摆放，背景墙不对称的创意造型，令空间显得十分整洁。朴素的颜色则令居住者身心舒适。

❻ 运用单一的浅色木纹装饰令空间显得舒适宽敞，搭配充足的采光，则能令空间拥有放大感。

6

7 木色与白色的搭配令卧室配色非常柔和，墙根的枯木装饰则令空间显得文艺雅致。

8 在卧室窗边设计卧榻，令屋主可以享受到窗外的景色；同时也增加了居室的收纳空间。

9 衣帽间的层次分明，衣物等物品各安其所，非常方便居住者的拿取。

雅・宅

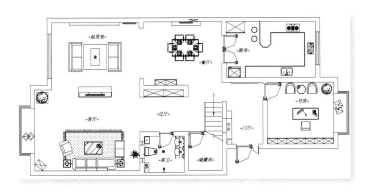

一层平面图

吴刚
陕西大道方正装饰工程
有限公司技术总监 / 首席
设计师

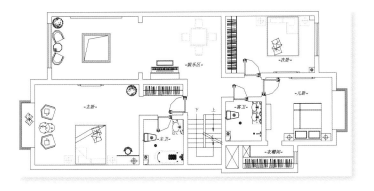

二层平面图

本案以自然、清新、舒适为主。展现空间是为人服务，要有随意性，同时，令都市的快节奏在这里变得舒缓，让人们从纷繁杂乱的事务中解脱出来，在这里享受一分安逸的静谧。和家人生活在温馨舒适的环境中，享受着家的温暖。

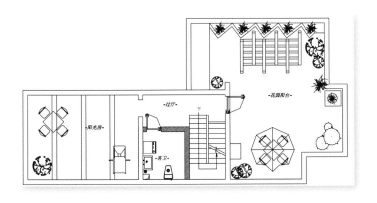

三层平面图

户型档案
面积：260 平方米
主材：地砖、釉面砖、实木
复合地板、乳胶漆等

❶ 客厅中采用了很多直线条造型，在后期壁纸上则采用了具有曲线变化的图案，调节了视线，使空间内容变得更加丰富。

装饰元素 11：直线条家具

由于写意简约风格的家居追求简洁利落的线条，因此，在家具的选择上也基本摒弃圆润的造型，而是利用直线条家具来达到整体家居素洁的容貌。

② 电视背景墙利用隔而不断的通透木造型塑造,既不影响采光,又创意十足。

③ 开敞的空间设计令居室显得十分通透明亮,且不影响分区的合理性。

装饰元素 12: 低矮家具

　　在写意简约风格的家居中，室内家具需要具有协调性。低矮家具作为灵活空间的构件，可以调节内部空间关系，变换空间使用功能，提高室内空间的利用率，因此很受欢迎。

❹ 面积不大的餐厅中没有做过多繁复造型与装饰，简易的餐桌椅和餐边柜兼具实用性与装饰性。

❺ 餐厅一侧墙壁上的装饰鱼缸是整个空间的点睛之笔。

⑥ 纯朴自然的木质大衣柜，设立
于卧室门口，延长了过道的视觉感
官。

⑦ 深色系的窗帘为卧室带来很好
的私密性，也与浅色床品形成色彩
对比，避免单调性。

❽ 厨房选用地砖、玻璃、石材等易清洗的材质，与整体布局相协调，体现出环保性。

❾ 绿色与米白色的马赛克瓷砖提升了卫浴的清新格调，也令空间显得更为立体。

❿ 木质的浴桶体现出舒适性，墙面的花纹丰富了小空间的视觉效果。

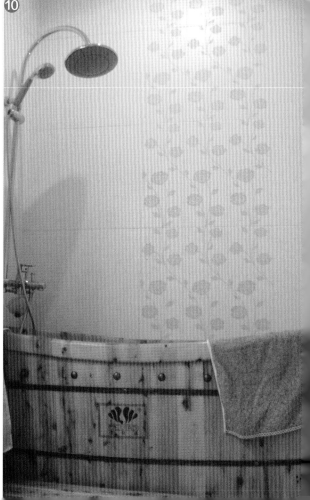

⑪ 楼梯空间的墙面上运用布艺装
饰，既符合写意简约风格的随意性，
也体现出艺术效果。

⑫ 顶层空间设计成儿童活动区域，
钢琴、玩具等一应俱全，十分实用。

沉静归真

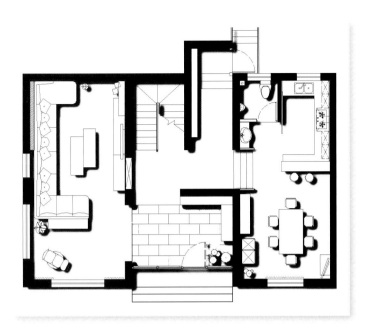

一层平面图

艾木
艾木·空间室内设计工
作室创办人、上海集采
堂设计工作室创办者／设
计总监

本案注重还原空间设计的
本质，没有过多的装饰元素，
只为表达一种简单的生活态度
和一份对生活并不简单的热
爱。开阔的空间呈现出低调与
大气之感，蕴含着主人的智慧
和内涵。不事张扬，会享受生
活。于是，沉静也就成了一种
气质。

二层平面图

户型档案

面积：260 平方米
主要材料：枫木饰面板、强
化复合地板、壁纸、石膏板、
烤漆玻璃等

① 玄关处的白色收纳柜既起到收纳作用，又具有分隔作用，一举两得。

② 客厅开敞、明亮，一侧墙面运用镜面加黑色线帘的装饰手法，既简单，又时尚。

❸ 客厅中宽大的沙发，包容和化
解了居住者一天的疲惫。

❹ 造型感极强的灯具为客厅增添
了一丝艺术气息；纯色地毯提升了
空间暖度。

装饰元素 13：烤漆玻璃

　　烤漆玻璃可以起到扩大空间作用，在众多家居风格中均会有所运用。但由于写意简约风格的家居装饰元素一般较少，并且要求简洁，因此，烤漆玻璃更是得到广泛运用。

❺ 餐厅吊顶运用烤漆玻璃作为装饰，令空间高度增加。

❻ 餐厅与厨房之间运用小吧台作为分隔，令空间更显通透。

❼ 简洁的小吧台十分实用，既可以作为用餐空间，也可以作为备菜之用。

⑧ 圆形睡床提升了空间的浪漫格调，卧室背景墙的花纹装饰与之搭配得十分和谐。

⑨ 次卧相对主卧，设计十分简洁，吻合写意简约家居的基本格调。

⑩ 宽敞的主卫没有昂贵的装饰，却包含众多的生活设备，令生活更加便捷、舒适。

⑪ 客卫将洗手区与如厕区做了分隔，使用起来更加方便。

⑫ 客卫的装饰虽然不多，却彰显出家居整体高雅的格调。

⑬ 视听室中设计了投影设备，在家中也可以享受到影院的待遇。

装饰元素 14：大面积色块

　　写意简约风格装修追求的是空间的灵活性及实用性。大面积的色块具有很好的兼容性、流动性及灵活性，可以广泛运用于墙面、软装等地方。

13

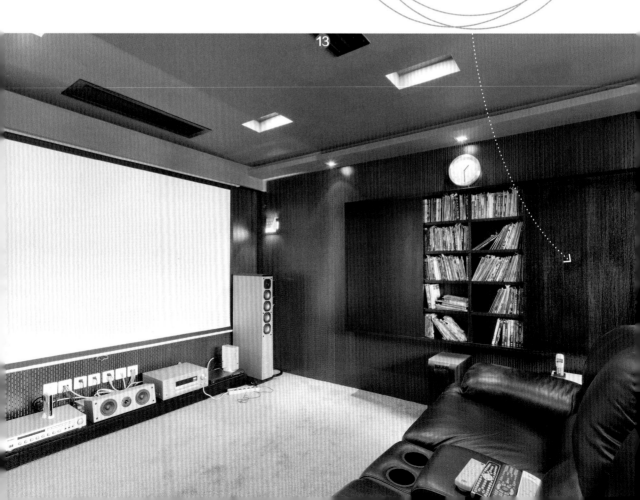

⑭

⑭ 视听室的一侧墙面做了墙体书柜的处理，既节省空间，也增加了空间的阅读功能。

⑮ 在视听室中，除了专业的视听设备，还配备了舒适的按摩沙发，令生活更加舒适。

⑮

16

⑯ 楼梯墙面和视听室一并做了墙
体处理，增加了居室的展示功能。

⑰ 随意放置的座椅和蒲团，将居住者悠闲的生活态度展露无遗。

⑱ 过道墙壁采用磨砂材质，并做了抠花处理，显示出空间的细节魅力。

淳色宅语

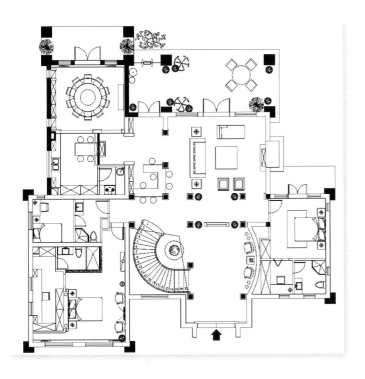

一层平面图

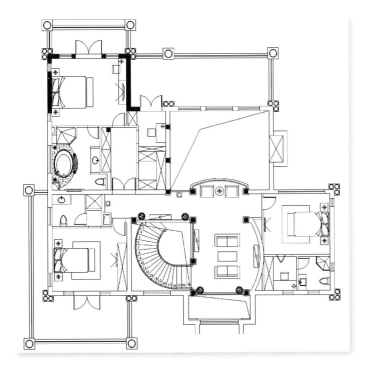

二层平面图

巫小伟
威利斯（VILLISPACE）
设计有限公司创始人、
中国建筑装饰协会会员

　　家就像是一个人的衣装，需要拥有个性化的 STYLE 而且专属于自己。这个居室不同于一般的别墅设计，没有粗犷而野性的元素，将家定为简约而充满温馨感的风格，每一处细节都在整体的基调中寻求简约的灵动，如同曼舞的丝带环绕着这个整体而舒适的空间氛围。

户型档案

面积：300 平方米
主要材料：木饰面板、壁纸、
实木地板等

❶ 客厅突破了以往规矩的设计，木饰面板从地面延伸
到墙面，再到顶面，给人一气呵成的感觉。

❷ 客厅中由于常规的材料颠覆了一贯的设计，让装饰
在其中的沙发、吊灯成为独特的艺术品。

③

装饰元素 15：饰面板造型

　　饰面板造型可以用于墙面、家具，还可用在顶面等处。不同的饰面板表现出不同的风格。在写意简约风格的居室中，较常用到轻盈的枫木、温馨的沙比利木等。

④

❸ 木质饰面板的运用，既调剂了空间的色调，又在视觉上扩大了空间的感受。

❹ 书房中木饰面板和内嵌式的搁架搭配，在色彩及风格上与整体家居相互呼应，形成了统一的居室格调。

⑤

⑤ 公共活动区，设计师以大面积的中性色作为背景墙，又以小面积黑色和白色点缀，呈现了一个原木色调的简约现代空间，让人感到安宁与放松。

⑥ 简约的楼梯，配以暖色的灯带，原木与通透玻璃结合的扶手，在视觉上更突出了柔和与简约的两个对立面。

⑥